CB037250

Belas Letras.

LATIDOS DE SABEDORIA
manual para uma vida incrível com seu cão
POR RITA ERICSON
BelasLetras

Sempre quis ser veterinária. Quando era criança, meu sonho era “inventar um remédio para que os filhotes não crescessem nunca”. Eu não inventei. Sou clínica geral, já fiz muitas cirurgias e estudo e trabalho com comportamento de cães e gatos. Amar os bichos é natural, é instantâneo e é uma delícia, mas não basta. Conhecer o comportamento natural da espécie, sua linguagem e suas necessidades é fundamental para oferecer qualidade de vida para eles e para uma convivência harmônica com os humanos.

A comunicação canina é muito diferente da nossa. Diferente do que imaginamos, os latidos não são a principal forma de linguagem entre eles. Eles funcionam mais como um alarme, um chamado para reunir o grupo – como os uivos dos cães e lobos. Mas eles aprenderam há muito tempo que latir chama MUITO a nossa atenção.

Entre os cães, a linguagem é outra.

Ela é corporal – olhos, orelhas, caudas, pelos, língua e o corpo todo em movimento. É olfativa – a percepção dos feromônios (substâncias químicas que promovem reações específicas em indivíduos da mesma espécie) que podem significar medo, segurança, tranquilidade. Nós, humanos, não somos naturalmente capazes de ler esta linguagem, mas podemos e devemos aprender! Enquanto nós enxergamos o mundo, eles cheiram odores e escutam sons que nossos narizes e ouvidos não são capazes de perceber. Os cães enxergam um espectro bem menor de cores que o nosso (somente tons de amarelo e azul e os diferentes cinza), mas, por outro lado, conseguem ver melhor que nós num ambiente escuro.

O paladar dos cachorros também é bem menos apurado que o nosso (já percebeu que eles comem coisas que nós consideramos nojentas?). São tantas as diferenças na percepção dos sentidos que fica claro que a visão de mundo dos cães é muito diferente da nossa.

O que faz sentido para nós, muitas vezes não significa nada para os cães. E vice-versa.

Sempre que um cão age de forma inadequada, como ao destruir um sofá, alguém interpreta como um ato de vingança ou protesto por ter ficado tanto tempo sozinho, por exemplo.

O que este cão precisa não é de uma correção e sim de ajuda. Talvez ele nunca tenha aprendido a ficar sozinho. Levar bronca não ajuda em nada, só confunde e deixa o cão mais inseguro. Nosso papel é entender o ponto de vista deles e, assim, sermos mais justos e gentis com os cães. Dessa forma a convivência com eles é mais harmônica e prazerosa!

Sabemos que os cães precisam de algumas/poucas (na verdade não são tão poucas assim!) coisas para ser felizes:

- BRINCAR
- ROER
- PASSEAR (cães são animais sociais, eles precisam interagir com outros cães, mesmo se vivem num ambiente espaçoso)
- ÁGUA FRESCA À DISPOSIÇÃO
- PELO MENOS DUAS REFEIÇÕES POR DIA
- REGRAS CLARAS! PODE OU NÃO PODE SUBIR NO SOFÁ?
- CUIDADOS VETERINÁRIOS E...

CARINHO,

CARINHO,

CARINHO,

CARINHO,

CARINHO...

1

Demonstre seu amor para todos que você ama

Cães não economizam suas manifestações de amor

2

Seja sincero!

Cães não disfarçam
seus sentimentos.

3

Se um amigo precisar de um ombro, aproxime-se e faça um carinho

Cães são especialistas em ler (ou decifrar) as emoções humanas através dos nossos olhares, gestos e postura.

4

Se estiver precisando de ajuda, peça

Eles aprenderam, ao longo de muitos anos (aproximadamente 20 mil) de convivência com humanos, que nós somos a principal fonte de alimento e suporte.

5

Faça companhia para quem você ama

Cães são extremamente fiéis, independentemente da condição do seu humano amado.

6

Não seja preconceituoso

Eles não valorizam
dinheiro nem poder.
São puro amor!

7

E ajude sempre quem precisa

Cães foram selecionados geneticamente
para desempenhar funções específicas
e podem ser ótimos assistentes.

8

Cuide dos seus filhos enquanto eles precisarem de você

Os filhotes aprendem muito com sua mãe e irmãos. É fundamental que eles convivam pelo menos até oito semanas de vida.

9

Depois, deixe-os voar

É muito importante expor os cães ao máximo possível de estímulos, especialmente entre três e doze semanas, aumentando sua capacidade de lidar com situações difíceis durante toda a vida!

10

Não seja brigão. Se você pode rosnar, para que morder?

Cães evitam os conflitos
ao máximo, através de sinais corporais
como desviar a cabeça para o outro
lado, mostrar os dentes e rosnar.

11

Mas, se brigar com alguém, peça desculpas em seguida

Cães dão sinais apaziguadores após uma briga, com a finalidade de manter o grupo unido. Os humanos confundem essa atitude (lamber nossa mão após ser mordido, por ex.) com um pedido de desculpas...

12

Socialize com indivíduos de outras e da sua espécie

Quando eles convivem com outros animais de maneira divertida e relaxada, tendem a se relacionar bem com todo mundo, durante toda a vida.

13

Olhe nos olhos

Cães prestam muita atenção
no olhar do outro indivíduo,
para ajudar a ler suas emoções.

14

Mas, ao se sentir ameaçado, desvie o olhar

Cães agem assim para
evitar brigas entre eles.

15

Lute pelos seus sonhos

Eles são mesmo incansáveis,
até que atinjam seu objetivo.

16

Não se preocupe tanto com o futuro

Estudos recentes demonstram
que a noção de tempo deles
é bem diferente da nossa.

17

Nem se culpe pelo passado

Os cães não ficam culpados quando, por exemplo, fazem xixi fora do lugar (apesar de os humanos acreditarem que sim). Eles assumem uma posição submissa, que parece culpada, como uma reação às posturas agressivas e desaprovadoras dos humanos.

18

Viva o momento

Até hoje a ciência não conseguiu
provar nenhum indício de que os
cães se preocupam com
o passado ou com o futuro.

19

Quando sair do trabalho, relaxe e pare de se preocupar

Animais de trabalho sabem que quando retiramos o colete ou o equipamento (coleira rígida de guias de cego, por exemplo) eles podem brincar e relaxar. Enquanto eles estão trabalhando, não devemos falar nem fazer carinho neles.

20

Aproveite para dar uma caminhada

Eles nunca perdem a oportunidade
de passear ao ar livre.

21

Cumprimente todo mundo

Os cães se cumprimentam – acredite – cheirando o bumbum um do outro. Dessa forma, eles captam informações importantes sobre o outro, como sexo, status reprodutivo e de saúde, dieta e até emoções. O olfato canino é muito mais desenvolvido que o nosso. Cães são capazes de detectar uma parte por trilhão, o equivalente a 1 colherzinha de açúcar diluída numa piscina olímpica!

Controle de Qualidade

33

22

Treine bastante

Antigamente, eles precisavam caçar e se deslocar por grandes distâncias para sua sobrevivência. Eles continuam precisando se exercitar, mesmo recebendo casa, comida e roupa lavada da sua família humana! Estimule o seu cão!

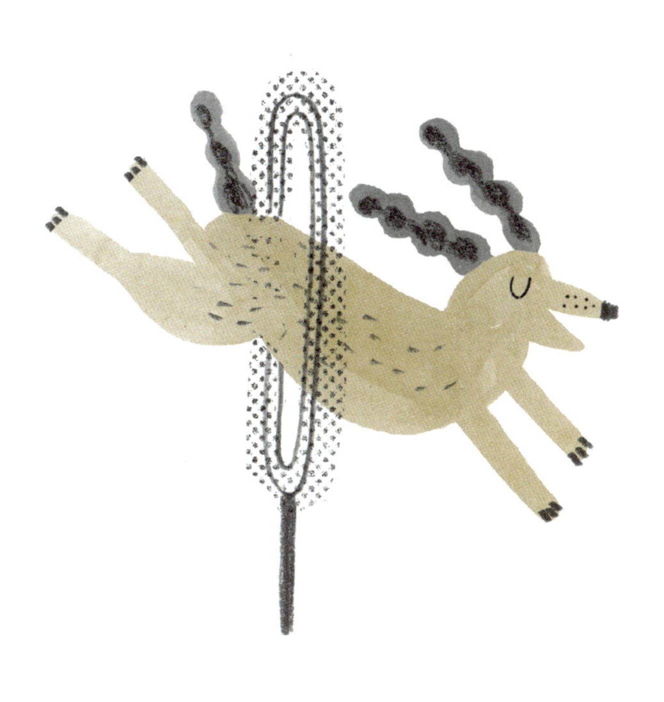

23

Divirta-se com seus amigos

Cães são animais sociais, eles caçavam juntos, cuidavam dos filhotes uns dos outros e por esse motivo precisam viver experiências em grupo.

24

A vida é curta e a regra é clara: se está feliz, não tenha medo de parecer ridículo

Cães demonstram sua alegria
com o corpo todo.

25
Corra

Cães são capazes de correr muitos quilômetros, mas esta capacidade depende muito da conformação física de cada um. Cães braquicefálicos (de cara achatada, como shihtzu, pug, buldogue) ou de pernas curtas (teckel, basset hound) têm mais dificuldade, mas nem sempre demonstram cansaço porque querem seguir seu amigo (isso mesmo, você). Precisamos ter cuidado e respeitar os limites de cada um!

26

Grite

Eles latem por diferentes motivos,
para chamar nossa atenção,
para dar um alarme ou simplesmente
pelo prazer de latir!

27

E até role na grama!

Há algumas teorias para explicar por que eles rolam na grama. Para retirar odores indesejáveis do seu próprio corpo (como perfume, por ex.), para disfarçar seu próprio cheiro e despistar as presas e predadores (especialmente se tiver algo com cheiro forte no chão, como carniça, fezes) e para levar um cheiro interessante do solo para que outros cães também sintam! Lembre-se: o que parece nojento para nós pode ser muito interessante para eles, e vice-versa.

28

Mas, se estiver cansado e com calor, descanse numa sombra

Cães não conseguem perder calor como nós, por meio do suor, porque têm o corpo coberto por pelos. Eles precisam arfar e trocar o ar quente e úmido pelo ar mais frio, que é inspirado. Por isso ficam ofegantes. Deve-se tomar muito cuidado com o uso de mordaças – se o seu cachorro não conseguir abrir a boca pode sofrer um quadro gravíssimo (intermação), que pode até levar a óbito. É fundamental respeitar e deixar o cão descansar quando ele exibir os primeiros sinais de cansaço.

29

Não tenha medo de dar um mergulho: no rio, na praia ou nos seus sonhos!

Nem todo cão gosta de água, mas em princípio todos têm a capacidade de se mexer para não se afogar. Algumas raças são mais e outras menos hábeis para nadar. Nas piscinas é importante oferecer uma alternativa para o animal sair (algumas escadas são muito difíceis para os cães) ou, se não houver acesso, fique atento. Nunca force seu cão a entrar na água. A experiência deve ser sempre voluntária e prazerosa.

30

Se estiver com dor, poupe-se

Cães raramente choram ou reclamam de dor. Eles se poupam, evitam gastar energia. Na natureza não é interessante demonstrar que está debilitado, assim você se torna uma presa fácil!

31

Mastigue bastante

Para os cães, roer é uma atividade
muito importante e tão ou mais
importante do que correr.
Uma hora de mastigação equivale
a muitos quilômetros de corrida!

32

E, se estiver indisposto, não coma

Cães fazem isso quando estão enjoados ou se comeram demais. Como eles eram caçadores, possuem uma capacidade de jejum enorme. Podem ficar dias sem comer, diferente da gente. Ninguém tem caça garantida de oito em oito horas como nós! Comer no comedouro também é bastante sem graça... O ideal é esconder pela casa, rechear brinquedos e fazê-los trabalhar para comer. Mas é necessário ensiná-los.

33

Aprenda a ficar sozinho às vezes

Devemos ensinar e acostumar os cães desde filhotes a ficarem sozinhos. Você pode começar aos poucos. Quando estiver em casa, deixando o filhote em outro cômodo por 1 a 2 minutos, e aos poucos aumentando o tempo. O ideal é deixá-lo envolvido numa atividade interessante como roer ou brincar com um brinquedo recheado com alimento. Você também pode cansá-lo com um passeio ou brincadeiras ativas antes de sair de casa.

34

E a esperar...

...esperar...

...esperar...

35

Pelas pessoas que você ama

Cuidado! Cães não devem ficar mais de seis horas sozinhos. Aprenda a esperar, mas não demais...

RITA ERICSON é veterinária, formada pela Universidade Federal Fluminense, com mestrado em comportamento animal e pós-graduação em Etologia Clínica e é consultora do programa Encontro com Fátima Bernardes, da Rede Globo. Tem dois gatos incríveis, o Pluft e o Xisto, que lhe dão lições diárias de amor incondicional e mostram como é bom conviver harmonicamente com os animais. Já teve muitos cães amados e queridos: Puppy, Xica, Marilu, Wu-li, Trufa, Stoppa. Atualmente não tem cães por achar que não tem tempo para se dedicar a eles como eles merecem.

ANA MATSUSAKI se interessou desde cedo por tudo o que envolvia a palavra e a imagem. Apaixonada por literatura e artes gráficas, graduou-se em design gráfico na Belas Artes em São Paulo. Passou por diversas agências de design antes de entrar no universo editorial, mantendo sempre em paralelo o trabalho como ilustradora freelancer. Desde 2015 passou a dedicar-se integralmente ao seu estúdio de ilustração.

RÔMOLO D'HIPÓLITO é graduado em design gráfico e colabora como ilustrador para agências de publicidade, editoras e jornais. Como artista, produz quadrinhos, pinturas, colagens e animações, tendo alguns de seus trabalhos reconhecidos e premiados pela Folha de S. Paulo e pelo Festival Anima Mundi. É também autor da série Malditos Designers e do projeto Cadernos de Viagem, este último tendo participado de exposições e residências artísticas no Brasil e exterior.

Este livro é o resultado de um trabalho feito com muito amor, diversão e gente finice pelas seguintes pessoas:
Gustavo Guertler (edição), Fernanda Fedrizzi (coordenação editorial),
Rita Ericson (revisão de informações técnicas),
Germano Weirich (revisão), Tereza Bettinardi (projeto gráfico e capa),
Ana Matsusaki e Rômolo (ilustrações).
Obrigado, amigos.

2020
Todos os direitos desta edição reservados à
Editora Belas Letras Ltda.
Rua Coronel Camisão, 167
CEP 95020-420 – Caxias do Sul – RS
www.belasletras.com.br

Dados Internacionais de Catalogação na Publicação (CIP)
Biblioteca Pública Municipal Dr. Demetrio Niederauer, Caxias do Sul, RS

E68L Ericson, Rita
Latidos de sabedoria: manual para uma vida incrível com seu cão / Rita Ericson.
Caxias do Sul: Belas Letras, 2020. 96 p.

ISBN 978-85-8174-421-6

1. Animais de estimação — Cães.
2. Cães — Comportamento. I. Título.

18/04 CDU:636.7

Catalogação elaborada por:
Maria Nair Sodré Monteiro da Cruz CRB-10/904